Bibliografische Information der Deutschen Nationalbibliothek:

Die Deutsche Bibliothek verzeichnet diese Publikation in der Deutschen Nationalbibliografie; detaillierte bibliografische Daten sind im Internet über http://dnb.d-nb.de/ abrufbar.

Impressum:

Druck und Bindung: Books on Demand GmbH, Norderstedt Germany
ISBN: 978-3-668-15142-0

Dieses Buch bei GRIN:

http://www.grin.com/de/e-book/316322/die-hydrologische-uebersicht-russlands-kennzahlen-probleme-und-potentiale

Friederike Schnitter

Die hydrologische Übersicht Russlands. Kennzahlen, Probleme und Potentiale des Wassersektors

GRIN Verlag

Hydrologische Übersicht

-Russland-

Eine Materialsammlung von Friederike Schnitter

Georg-August Universität Göttingen

Fakultät für Geowissenschaften und Geographie

B.Geg.13 Physiogeographische Prozessforschung:

Hydrogeographie

Autor: Friederike Schnitter

Wintersemester 2012/2013

5. Februar 2013

Vorwort

Diese Materialsammlung „Hydrologische Übersicht -Russland- „ ist im Rahmen des Moduls B.Geg.13 „Physiogeographische Prozessforschung: Hydrogeographie" im Wintersemester 2012/2013 entstanden und ist Bestandteil des Leistungsnachweises.

Die Aufgabenstellung in diesem Modul sah vor, die wichtigsten Kennzahlen, Probleme und Potentiale des Wassersektors in Russland darzustellen. Neben der wissenschaftlichen Fachliteratur wurden auch Datenbanken internationaler Organisationen herangezogen, näheres dazu im Literaturverzeichnis. Die angeführten Materialen wurden nach den im Inhaltsverzeichnis angegebenen Thematiken geordnet und werden auf den nachfolgen Seiten kommentiert und interpretiert. Am Ende der Materialsammlung folgt eine Zusammenfassung, die die hydrologische Übersicht Russlands noch einmal kurz darstellt.

Zu der Erstellung der Materialsammlung wurden folgende Programme benutzt:

- Microsoft Office 2010 – Word, Excel, PowerPoint
- Adobe Reader 9.4
- Paint

Inhaltsverzeichnis

I. Länderkunde

Um die Hydrologie Russlands darstellen zu können bedarf es zu Anfangs einer Übersicht über die Staatsfläche und die Bevölkerungsverteilung des Staates, siehe dazu Abbildung 1.

Abbildung 1 Russland – Bevölkerungsdichte

Die Staatsfläche der Russischen Föderation beträgt etwa 17 Mio. km². Dies sind 11,5% des gesamten globalen Festlandes. Somit ist Russland, flächenmäßig gesehen, das weltweit größte Land, das fast 50-mal so groß wie Deutschland und fast doppelt so groß wie die USA ist (Stand 2013). Auf dieser Fläche leben, laut russischen Staatszählungen im Jahr 2011, etwa 142.836.000 Menschen (STADELBAUER 2010, S. 111f.). Auffällig ist die Bevölkerungsverteilung, welche ein deutliches Süd-Nord bzw. ein West-Ost Gefälle verzeichnet. Aus der Abbildung 1 heraus wird ersichtlich, dass sich der Großteil der Bevölkerung in den dunkelrot bis orangen dargestellten Ballungszentren im Süd-Westen des Landes befindet. Die Bevölkerungsdichte in diesen Gebieten unterliegt Einwohnerschwankungen von 25 bis hin zu mehr als 200 Einwohnern pro km². Die hellgrün bis weiß dargestellten Flächen verdeutlichen die Verteilung der Bevölkerung im ruralen Raum des Landes. Derzeit leben etwa 25% der Russen in ruralen Gebieten (2011). Die Bevölkerungsdichte hier ist im Gegensatz zum urbanen Gebiet deutlich verringert und beträgt lediglich unter einem bis zu maximal

10 Einwohnern pro km^2. Somit gilt das rurale Gebiet als überwiegend Siedlungsfrei. Die etwa 2 Mio. Menschen, die dort leben, sind von der Siedlungsform entweder nomadisch oder halbnomadisch und betreiben die traditionelle Rentierhaltung.

Ein Grund für die Gefälle in der Bevölkerungsverteilung sind vor allem die zwei vorherrschenden Ökozonen der subpolaren und der borealen Zone.

Abbildung 2 Verteilung subpolare Zone
(aus Nentwig et al., S. 256, 2009)

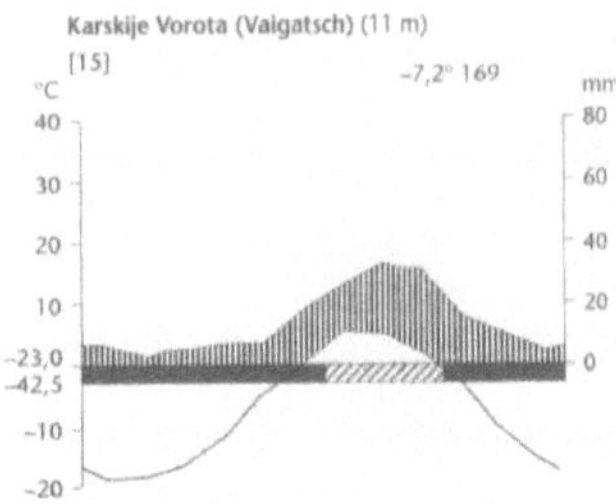

Abbildung 3 Klimadiagramm Karskje Vorota
(aus Nentwig et al., S. 256, 2009)

Charakteristisch für die Subpolare Zone (SCHULZ 2008) im Norden des Landes (Abbildung 2) sind neben dem Permafrostboden vor allem die mehr als neun Monate anhaltenden Winter mit Frösten unter -30°C. Aufgrund dieser Temperaturen beträgt die Vegetationszeit in dieser Ökozone lediglich einen bis drei Monate. Die Niederschlagsmenge beträgt im Jahr weniger als 250 mm und fällt überwiegend als Schnee. Aufgrund der geringen Verdunstungsrate ist die Wasserbilanz positiv und ganzjährig humid (Abbildung 3). Eine Versorgung der Bevölkerung mittels Leitungswasser erweist sich als überaus schwer, da die Böden tiefreichend gefroren sind und eine ausgebaute Versorgungsinfrastruktur nur spärlich vorhanden ist. Die sich an die Subpolare Zone (Abbildung 2) anschließende Ökozone, ist die boreale Zone (Abbildung 4).

Abbildung 4 Verteilung boreale Zone
(aus Nentwig et al. S. 255, 2009)

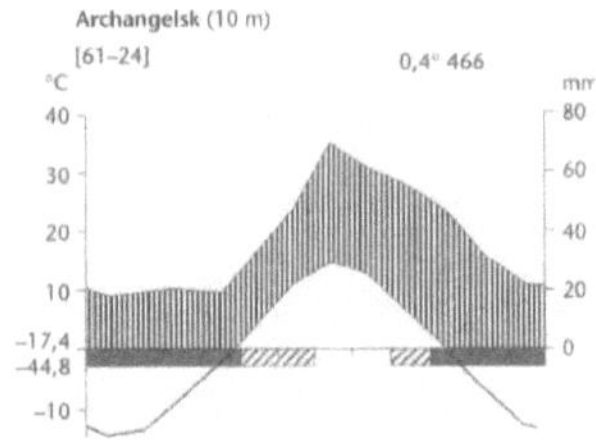

Abbildung 5 Klimadiagramm Archangelsk
(aus Nentwig et al. S. 255, 2009)

Die Ökozone der borealen Zone (SCHULZ 2008) zeichnet sich, neben dem dichten Nadelwaldbewuchs, wie auch schon die subpolare Zone durch ihre langen und sehr kalten Winter aus. Diese betragen sechs bis sieben Monate und verzeichnen selten Temperaturen über -20°C. Auch hier ist die Vegetationszeit von einem bis zu drei Monaten sehr gering. Der Niederschlag, der ebenfalls wieder überwiegend als Schnee fällt, beträgt in der Jahressumme jedoch etwa doppelt so viel wie in der subpolaren Zone, nämlich ca. 500 mm (Abbildung 5). Da auch hier der Niederschlag größer als die potentielle bzw. tatsächliche Evaporation ist, ist die Wasserbilanz, wie in der subpolaren Zone, positiv und somit ganzjährig humid. Aufgrund dieser klimatischen und vegetativen Gegebenheiten bevorzugen die Einwohner Russland den klimatisch etwas milderen Süd-Westen des Landes (Abbildung 1).

II. Hydrologie

Abbildung 6 Übersicht der wichtigsten Flüsse und Seen Russlands (http://d-maps.com/m/europa/russie/russie11.gif)

Wie aus der Abbildung 6 „Übersicht der wichtigsten Flüsse und Seen Russlands" ersichtlich wird, verfügt Russland über eine Vielzahl von Flüssen und Seen. Alles in Allem verzeichnet Russland eine Anzahl von 120.000 Flüssen und mehr als 2 Mio. kleinerer und größerer Seen. Diese bilden zusammen mit dem Waldgürtel der borealen Zone und dem Niederschlagsüberschuss einen riesigen Wasserspeicher. In dem Gebiet sind nicht nur die längsten Flüsse der Welt, sondern auch das längste Flusssystem anzufinden (AQUASTAT 2012). Alle sibirischen Flüsse unterliegen aufgrund des Reliefs, dem nivalen Tieflandregime. Die Fließgewässer werden somit durch die Schneeschmelze gespeist. Ein rascher Temperaturanstieg im Frühjahr setzt die Schneeschmelze in Gang und führt meist im Juni zu Hochwässern (Abbildung 7). Der Abfluss in den übrigen Monaten ist aufgrund der vermindert fallenden Niederschläge eher gering. Die Abflussganglinie der Flüsse verzeichnet somit eine Hochwasserspitze im Mai und eine nur geringe Wasserführung in den Monaten August bis April (MÜLLER-LUPP 2002). Diese ungleichmäßige Wasserführung ist vor allem für die lokale Schifffahrt und die Hydroenergieressourcen von Nachteil.

Name	Länge [km]	EZG [km²]	Ø Abfluss [m³/S]
Lena	4400	2.490.000	17.630
Ob	4340	2.975.000	12.700
Irtysch	4248	1.643.000	2.830
Jenissej	4092	2.580.000	19.800
Angara	1800	1.040.000	5.100

Abbildung 7 Kenndaten ausgewählter russischer Flüsse (Daten nach Wein, S. 39, 1999)

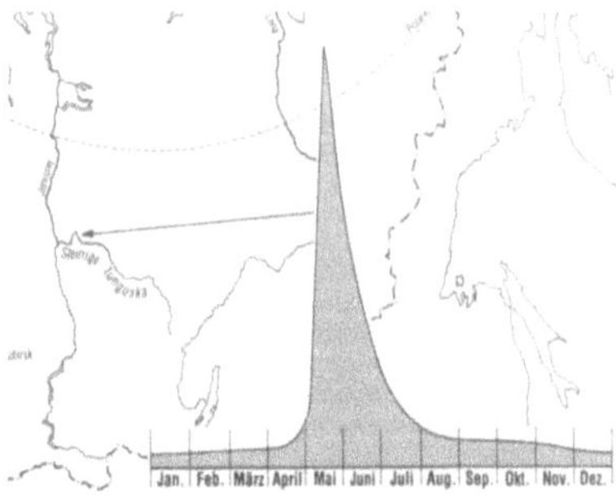

Abbildung 8 Abflußgang der Steinigen Tunguska (aus Wein, S. 39, 1999)

Die in Abbildung 6 dargestellte Wolga fließt ausschließlich im europäischen Teil Russlands und hinsichtlich ihrer Lage als wichtigster Fluss Russlands. Sie verbindet die Kontinente Europa und Asien auf den Wasserweg. Die Wolga entwässert mit ihren Nebenflüssen in der osteuropäischen Ebene und mündet nach einer Länge von 3534 km in das Kaspische Meer. Der Ob gilt aufgrund der zentralen Lage in Sibirien als die wichtigste regionale Wasserstraße.

Der Jenissej hingegen zeichnet sich durch die höchste Durchflussmenge aller sibirischen Flüsse aus (Abbildung 7). Alle diese Ströme werden als Verkehrswege genutzt, dienen in den trockeneren Regionen des Landes als Bewässerungsgut oder werden als Energiequellen genutzt. Somit ist es nicht verwunderlich, dass ein signifikanter Zusammenhang zwischen der Lage der Ballungsräume und den Flussverläufen existiert. Die Ballungs- bzw. Industrieräume sind ganz gezielt an den Gewässersystemen angesiedelt (Abbildung 9).

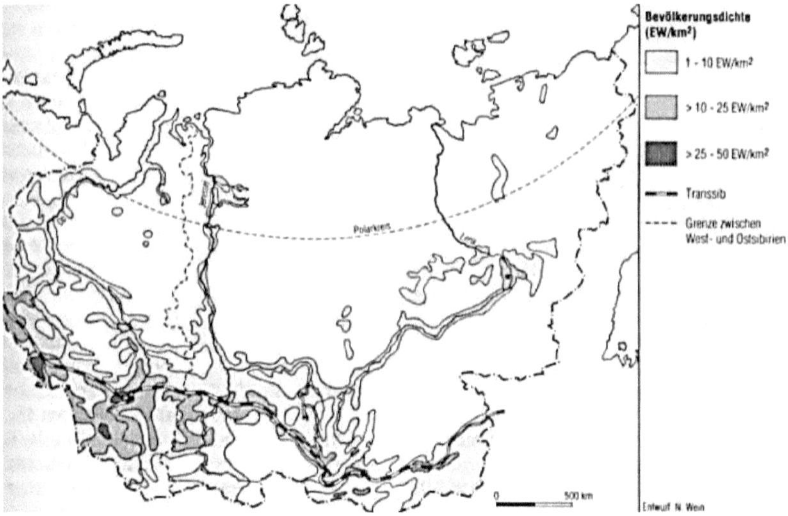

Abbildung 9 Bevölkerungsverteilung in Russland
(aus Wein, S. 56, 1999)

Grund hierfür ist, dass die Wirtschaft und die Kommunen einen besonders hohen Anteil von Frischwasser benötigen (Abbildung 10).

Abbildung 10 Anteilige Wassernutzung
(Aquastat, 2012)

Da die Wirtschaft in Russland kaum Emmisions- und Immisionsausstoßbeschrenkungen unterliegt, ist vor allem in den Ballungsräumen eine besonders große Umweltverschmutzung und Schadstoffeinleitung in den Flüssen zu verzeichen. Diese Verschmutzungen stellen ein großes Problem in Russland dar (WEIN 1999).

II.I Baikalsee

Wie schon im Kapitel „Hydrologie" erwähnt, befinden sich im russischen Staatsgebiet mehr als 2 Mio. Seen. Dem Baikalsee, welcher als weltgrößter Süßwassersee gilt, wird eine besondere Bedeutung zugeschrieben. Der See befindet sich an der Südgrenze des Staates, in den Südsibirischen Gebirgen (Abbildung 1).

Mit einem Volumen von 23.600 km^3 umfasst der See etwa 1/5 des weltweiten Süßwasservorkommens. Alle Flüsse dieser Erde benötigten circa 300 Tage um das leere Seebecken zu füllen. Dieses unterteilt sich in drei Becken. Aufgrund der in den Becken vorherrschenden Zirkulationssysteme verfügt das Wasser über einen besonders hohen Mineralgehalt (Abbildung 11).

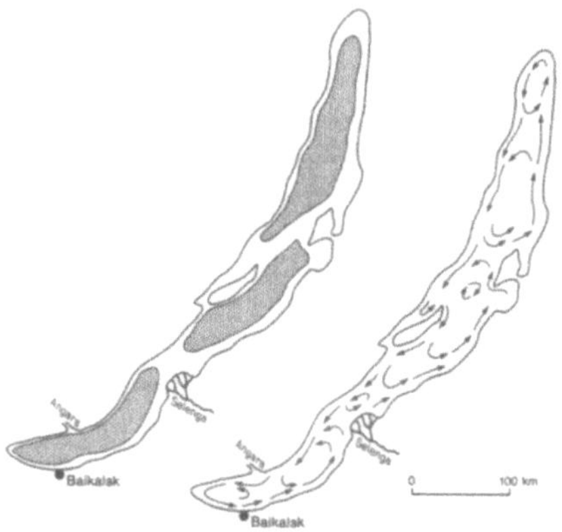

Abbildung 11 Becken und Zirkulationssysteme im Baikalsee (aus Wein, S. 44, 1999)

Daher ist es nicht verwunderlich, dass das Wasser heutzutage als Trinkwasser genutzt wird (Abbildung 13). Dieses wird abgefüllt und vor allem nach Japan exportiert (WEIN 1999). Eine in Irkutsk ansässige Firma nutz das besonders milde Wasser zur Wodkaherstellung (Abbildung 12).

[Abb. aus urheberrechtlichen Gründen entfernt]

Abbildung 12 Baikal-Wodka (http://vodka-shop-wodka.eu/product_info.php?products_id=460)

[Abb. aus urheberrechtlichen Gründen entfernt]

Abbildung 13 Trinkwasser aus dem Baikalsee (http://img.alibaba.com/photo/11516244/Natural_Drinking_Baikal_Water.jpg)

Diese Wasserqualität existierte jedoch nicht immer. Bis zur Schließung eines ansässigen Zellulose-Kombinats 1988 wurden jährlich 86 Mio. m³ ungereinigtes Brauchwasser in den See eingeleitet. Erst durch die Schließung und ein umfassendes Monitoring konnte die Wasserqualität aufgewertet und deutlich verbessert werden. Zuflüsse des Baikalsees sind Selenga, Obere Angara und Bargusin. Die Angara stellt den einzigen Abfluss des Sees dar (POLZ 1999). Die Fläche des Sees umfasst 31.492 km². Somit zählt der See zu den weltgrößten der Erde (Abbildung 14).

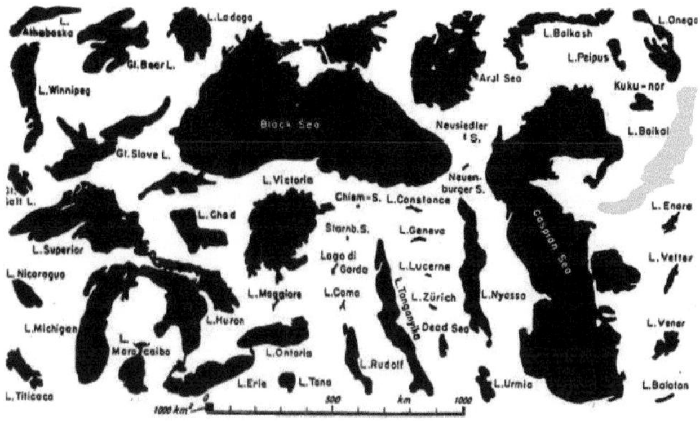

Abbildung 14 Darstellung der weltgrößten Seen (aus Polz, 2005)

Die Nord-Süd Ausdehnung beträgt etwa 636 km, was einer Strecke von Rostock-Stuttgart entspricht (Abbildung 15).

Abbildung 15 Größenvergleich Baikal – Deutschland (http://www.ikzm-d.de/infos/fotos/13_baikalsee2.jpg)

III. Wassernutzung in der Landwirtschaft

Betrachtet man sich noch einmal die in Abbildung 1 dargestellte Bevölkerungsverteilung Russlands, könnte man vermuten, dass die Landwirtschaft einen bedeutenden Faktor in der russischen Wirtschaft darstellt, da ein enormes Platzangebot vorhanden ist. Diese Vermutung könnte mit den relativ hohen Frischwasserverbrauch von 18% vom gesamt genutzten Wasser belegt werden (Abbildung 10). In der Realität sieht dies jedoch anders aus.

Die in Russland landwirtschaftlich genutzte Fläche beträgt lediglich 600.240 km^2, dies sind in etwa 6,2% des gesamten Staatsgebietes (WEIN 1999). Gründe für diese deutlich verminderte Nutzung sind die natürlichen Grenzen Russlands – die bereits genannten kalten Klimate und das große Permafrostgebiet im Norden (Abbildungen 2-5). Für eine landwirtschaftliche Nutzung bedarf es einer mindestens 90 Tage frostfreien Periode, welche aufgrund der Klimate nur im Südwesten des Landes zu verzeichnen ist. Hinzukommen die zum Teil unfruchtbaren/ nährstoffarmen Böden, wie z.B. Podsole oder lessivierte Böden (Abbildung 16).

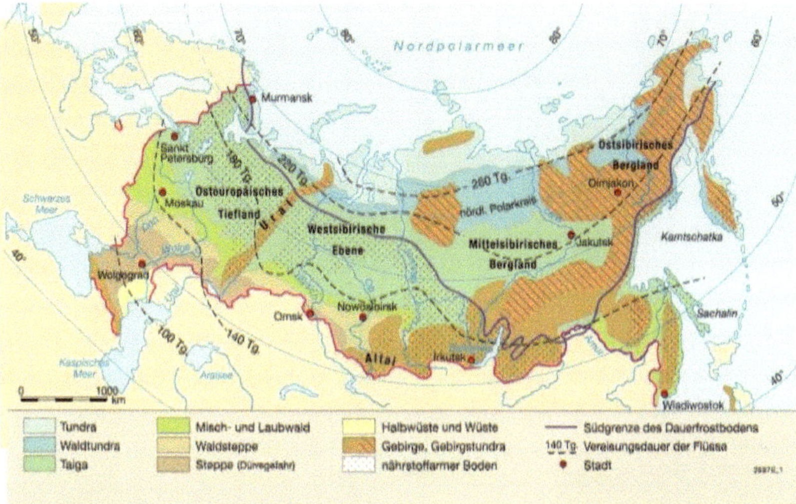

Abbildung 16 Verbreitung der nährstoffarmen Böden
(aus Bender et al. S. 324, 2001)

Aufgrund all dieser Faktoren hat sich in Russland ein charakteristisches Gebiet herausgebildet in der dennoch Landwirtschaft betrieben werden kann (Abbildung 17). Außerhalb dieses „Agrardreiecks" wird überwiegend die traditionelle Rentierhaltung betrieben.

Abbildung 17 landwirtschaftliche Nutzfläche im Agrardreieck
(aus Stadelbauer, S. 458, 1996)

Trotz des hohen Wasservorkommens kommt es durch die relativen Niederschlagsschwankungen, vor allem in den trockenen Sommermonaten, in den südrussischen Regionen häufig zu Wasserknappheiten. Der Landwirtschaft fehlt dann das Bewässerungsgut im Regenfeldbau. Folglich wird eine Bewässerung in diesem Gebieten unumgänglich. Da Russland zum größten Teil noch über sehr veraltete Methoden und Bewässerungsanlagen mit einer Vielzahl von defekten Leitungen verfügt, verursachen diese einen enormen Transportverlust des Frischwassers. Somit lässt sich der relativ hohe Wasseranteil von 18% der gesamten Wassernutzung des Landes erklären. Trotz all dieser Probleme ist die landwirtschaftliche Nutzfläche etwa doppelt so groß wie die Bundesrepublik Deutschland. Diese Fläche deckt aber nicht mal annähernd den emensen Nahrungsmittelbedarf der Bevölkerung (STADELBAUER 1996).

IV. Wasserverschmutzung / -schutz, Ist-Zustand

Dass die russischen Gewässer einer enormen Schadstoffbelastung unterliegen wurde bereits im Kapitel „Hydrologie" erwähnt. Diese Verunreinigungen sind seit Sowjetunionzeiten zu verzeichnen und werden oft auch als „Erbe der Sowjetunion" betitelt. Breits 1988 erwähnte Michail Gorbatschow in seiner Rede vor den Vereinten Nationen, dass die Umweltverschmutzung das größte Problem der intensiven Wirtschaft sei. Die hohen unbedachte Emissionen und Immissionen verursachten vor allem bei den russischen Gewässern einen hohen Verseuchungsgrad (WEIßENBURGER 1991). Die erlaubten Grenzwerte von Viren und Bakterien im Wasser wurden teilweise um das 130-fache überschritten. Zur Folge hatte dies, dass gut 1/3 des Trinkwasserreservoirs ebenfalls verseucht und somit ungenießbar wurden (BENDER et al. 2001).

Aufgrund der nahezu ungeklärten Abwassereinleitung in die Flusssysteme und der zahlreichen Staudämme entlang dieser Flusssysteme erhöhte sich die Problematik nochmals. Die Flüsse verfügten aufgrund der Stauungen über eine reduzierte

Fließgeschwindigkeit, welches wiederum zur Folge hatte, dass der Sauerstofftransport bzw. -aufnahme deutlich vermindert wurde. Aufgrund der hohen Belastungen wurde eine Vielzahl der Flüsse zu „Toten Gewässern" erklärt. Die südlichen und nördlichen Küstengewässer galten aufgrund der Flusseinmündungen als ebenfalls biologisch tot (WEIN 1999). In den Permafrostgebieten kommt noch hinzu, dass die Erdölleitungen sehr oft Lecks zu verzeichnen hatten und das Erdöl ungehindert in den Boden infiltrieren und diesen zusammen mit dem Grundwasser verschmutzen konnte (Abbildung 18).

Abbildung 18 leckende Pipeline auf Permafrostboden
(aus Bender et al., S. 78, 2001)

Um diese katastrophalen Gegebenheiten zu beenden wurde Russland aufgefordert einen aktiven Gewässerschutzplan vorzulegen und durchzuführen. In der COP18-Konferenz von Doha, 2012, wurden die bereits im Kyoto-Protokoll festgelegten Auflagen nochmals erneuert, da sich Russland nur unzureichend an die Auflagen gehalten hatte (Kyoto-Protokoll, 1997):

- Schutz der Wasserqualität, insbesondere jener der Oberflächengewässer
- Schutz der Bevölkerung und der Wirtschaft vor negativen Auswirkungen im Bereich der Wasserwirtschaft, z. B. Erosion und Hochwasser
- Optimierung des Informationssystems und des Wasserwirtschaftmonitorings durch Einführung eines staatlichen Wasser- und Wassernutzungskatasters
- Sicherung der staatlichen Kontrolle über den technischen Zustand und die Sicherheit der Wasserwirtschaftsobjekte
- Entwicklung von Normen und gesetzlichen Rahmenbedingungen im Bereich der Wasserwirtschaft
- Entwicklung des wissenschaftlichen Potenzials

- Sicherung der Umsetzung moderner Technologien im Bereich der Wasserwirtschaft.

Gegenwärtig sieht die in Russland sieht jedoch etwas anders aus. Bei einer Wasserversorgungsgesamtlänge von 531.000 km liegt der Trinkwasseranschlussgrad bei 75%. Somit verfügen etwa 108 von 143 Mio. Einwohnern über fließendes Wasser. Diese Rate ist deutlich höher als in anderen osteuropäischen Ländern (AQUASTAT 2012).

Der Durchschnittliche Wasserverbrauch lag 2011 bei 212/L/EW/Tag (Abbildung 19).

Parameter	Daten
Wasserverbrauch	212 L/EW/Tag
Frischwasseranschluss	75% Bevölkerung
Wasserversorgungsnetz	531.000 km
Frischwasserbezug, Oberflächenwasser	72.614 Mio. m^3/Jahr
Trinkwasseranteil	30%
Frischwasserverluste im Wasserversorgungsnetz	11.077 Mio. m^3/Jahr (~ 50%)
Frischwasser genutzt	61.537 Mio. m^3/Jahr
Transportverluste	10.207 Mio. m^3/Jahr
Abwassereinleitung in Vorfluter	51.330 Mio. m^3/Jahr

Abbildung 19 Frischwasserbilanz Russlands [2011]
(Daten nach Aquastat, 2012)

Für rund 63% der Wassernutzung wird das Wasser aus den Oberflächengewässern entnommen. Trotz der Auflagen sind nur 30% für den Trinkwasserverbrauch nutzbar, dies ist immer noch auf die hohen Schadstoffeinträge der Industrie zurückzuführen. Um diesen Anteil zu erhöhen könnte man das Wasser aufbereiten, doch ca. 40% der Trinkwasserversorgungsanlagen verfügen nicht über den Standard einer Wasseraufbereitungsanlage, Desinfektions- oder Schutzvorrichtungen (SCHULZE 2010). Aufgrund der Einleitungen gelten heute immer noch 28 Flüsse als biologisch tot. Weiterhin müssten mehr als 55% der Wasserleitungen aufgrund des hohen Abnutzungsgrades erneuert werden, da tropfende Leitungen im Jahr einen Transportverlust von 15% (11 Mio. km^3) verursachen. In den ruralen Gebieten sogar bis zu 30%.

Durch die in die Vorfluter eingeleiteten Abwässer gelangen jährlich 392.000 Tonnen suspendierende Stoffe, 23 Tonnen Phosphor und ca. 10 Tonnen Eisen in die genutzten Oberflächenwässer. Neben all diesen Faktoren trägt das Infiltrieren von Erdöl in den Boden, verursacht durch leckende Pipelines, zu einer fortschreitenden Verschlechterung der Wasserqualität bei (KISLIAKOVA et al. 2006).

Aufgrund der großen Wasservorkommen ist Russland nahezu prädestiniert die Energiegewinnung auf der Basis von Wasser vorzunehmen. Die Abbildung 20 zeigt über einen Jahreszeitraum von 20 Jahren die Entwicklung dieser Energieressource. Hingegen wird in der Abbildung 21 die Struktur der Elektrizitätserzeugung von 2011 aufgezeigt (KISLIAKOVA et al. 2006).

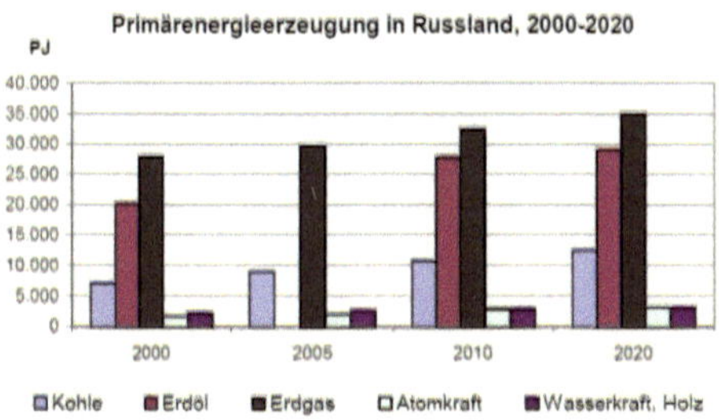

Abbildung 20 Energiestrategie der Russischen Föderation bis 2020 [2003]
(aus Kisliakova et al., S. 27, 2006)

Energieträger	TWh	%
Gaskraftwerke	373	40
Kohlekraftwerke	248	25
Atomkraftwerke	167	17,5
Wasserkraft	167	17,5
Gesamt	955	100

Abbildung 21 Struktur der Elektrizitätserzeugung in Russland [2011]
(Daten nach Kisliakova et al., S. 30, 2006)

Wie aus den beiden Grafiken ersichtlich wird, ist das Potential der Hydroenergiegewinnung deutlich höher als der momentan vorhandene Nutzungsgrad. Russland legt trotz der gewaltigen Wassermengen Wert darauf, die Energie weiterhin aus Primärenergiequellen zu beziehen und die Umwelt dadurch weiter zu belasten. Dabei wären genügend Regionen für den Bau von Wasserkraftwerken prädestiniert (Abbildung 22). Vor allem die Ostküste und der Süd-Westen des Landes verfügen über ausreichend potentielle Standorte für Wasserkraftwerke.

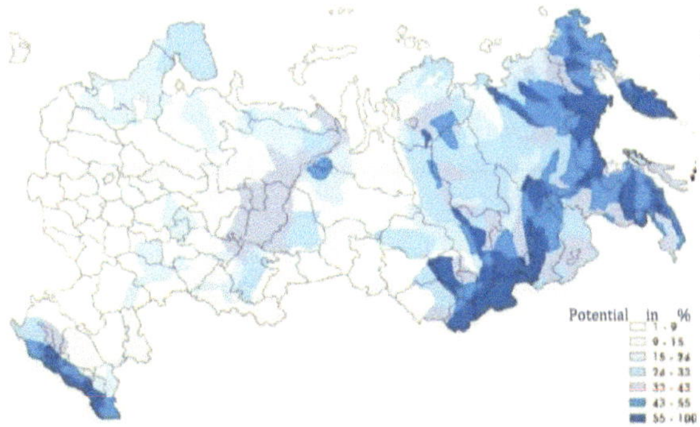

Abbildung 22 Hydroenergieressourcen in Russland (aus Kisliakova et al., S. 35, 2006)

V. Trinkwasser

Neben der deutlichen Verringerung des Frischwasserverbrauches in der Wirtschaft, baut Russland in Zukunft vor allem auf die Qualitätssteigerung bei der Trinkwasserversorgung (AMELUNG et al. 2006). Es geht hierbei nicht nur um die Beseitigung des Wasserdefizites in bestimmten ruralen Regionen, sondern viel mehr um die Wasseraufbereitung. Ein internationales Monitoring, vor allem mit deutschen Firmen, soll Schadstoffeinleitungen verhindern und die Trinkwasserqualität deutlich steigern (KÖNIG & RITTER 2002). In St. Petersburg entstand das erste Pilotmodell in Russland. Das Wasserwerk Wolkow soll täglich 300.000 m^3 Wasser aus der Newa zu Trinkwasser aufbereiten (RASCHKA 2009). Weiterhin sollen die bereits vorhandenen Wasseraufbereitungsanlagen modernisiert werden. Doch nicht nur die Wasserwerke sind modernisierungsbedürftig, ebenso die Wasserleitungen. Die veralten Kupferleitungen sollen durch neue ersetzt werden und somit die Wasserverluste beim Transport und Schadstoffanreicherungen deutlich minimiert werden. Die Regierung sieht im Wassernutzungsplan dafür ein Budget von umgerechnet 17 Mrd. Euro vor (SCHULZE 2010). Mit dieser umfassenden Modernisierungsmaßnahme setzt Russland den ersten Stein für eine neue, große Einnahmequelle – Trinkwasser (RIA NOVOSTI 2008).

In Hinblick auf die Klimaerwärmung eröffnen sich für Russland neben dem Oberflächenwasser vor allem im Permafrostboden neue Trinkwasserquellen. Eine deutliche Erhöhung der Temperatur könnte Russland somit zu dem Gewinner der Klimaerwärmung werden lassen, da mit enormen Schmelzwässern im Permafrostgebiet , 70% der Staatsfläche, zu rechnen ist (Abbildung 23).

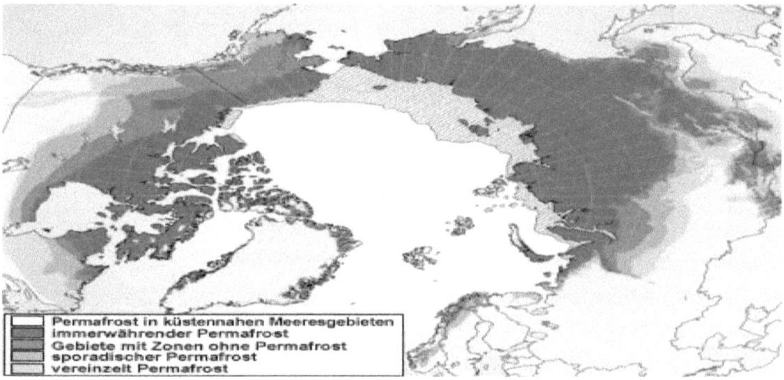

Abbildung 23 Permafrostgebietsverteilung

(http://www.awi.de/typo3temp/pics/b764d1427b.jpg)

Je nach Lage zu den gefrorenen wasserdichten Schichtfolgen werden flüssige Grundwässer in Schichten gegliedert. Supra-, Intra- oder Subpermafrost. Während sich der Suprapermafrost über dem Permafrostboden befindet, liegen der Intra- und der Subpermafrostboden innerhalb des Permafrostbodens. Zu den Suprapermafrostwässern gehören die in der sogenannten jahreszeitlichen aufgetauten Schichten, die im Sommer bis 2,5 bis 3,0 Meter tief auftauen und im Winter ganz gefrieren. Diese Grundwässer könnten eine Tiefe von bis zu 300 Meter erreichen. Zu den Intrapermafrostwässern gehören hingegen die Grundwässer des Auftaubodens (PINNEKER & ALEKSEEW 2000). Bei einer Klimaerwärmung wären diese dann zugänglichen Grundwässer ebenfalls als Trinkwasser geeignet. Aus diesem Grund ist es von besonderer Bedeutung, dass die defekten Pipelines in Sibirien saniert werden, um einer Grundwasserverschmutzung vorzubeugen.

VI. Wasserkonflikte

Zunächst muss zwischen nationalen und internationalen Wasserkonflikten unterschieden werden.

Der größte nationale Wasserkonflikt besteht darin, dass immer noch mehr als 25% der Bevölkerung über keinen offiziellen Wasserzugang bzw. Abwasserabgang verfügen. Diese mangelnde Infrastruktur ist vor allem im ruralen Raum vorzufinden (GUMPEL 2006). Fehlende Abwasserleitungen haben zur Folge, dass Abwässer auf den Boden gelangen und ungereinigt in den Boden bzw. in das Grundwasser infiltrieren. Eine fortschreitende Grundwasserverschmutzung ist die Folge. Ebenso können die Stoffe ungehindert in die Oberflächengewässer gelangen und dieses ebenfalls verschmutzen. Aufgrund fehlender Wasserleitungen kommt es zu illegalen Brunnenbauten und ungehinderten Wasserentnahmen. Je nördlicher sich die Siedlungen befinden, desto geringer ist der Wasserzugang für die ansässigen Bevölkerungsgruppen. Im Süden des Landes wird die Bevölkerung hingegen mit Wasserzugängen überschüttet. Während es im Norden des Landes zu Wasserknappheiten kommt, verzeichnet der Süden einen Wasserüberschuss. Eine Regulationsmaßnahme besteht derweilen noch nicht (GUMPEL).

Abbildung 24 Weltweite Wasserknappheit und Konflikte (www.wwf.de/2012/maerz/kampf-gegen-globale-wasserkrise/)

Betrachtet man die weltweite Wasserknappheit und deren Konfliktpotential (Abbildung 24) so wird ersichtlich, dass Russland an keinerlei kämpferischen Auseinandersetzungen, in Bezug auf das Wasser, beteiligt war. Dennoch existierten, vor allem mit den Nachbarstaaten, Wasserkonflikte. Diese zum Teil noch heute andauern (GIESE et al. 2004).

Eine von vielen Problematiken stellt die gemeinsame Wassernutzung von Russland und China am Oberen Irtysch dar. Das Einzugsgebiet des Irtysch nimmt in der VR China eine Fläche von rund 57.000 km^2 ein. Auf dieser Fläche soll sich nach chinesischen Angaben eine durchschnittliche Wasserabflussmenge von 9,26 km^3/Jahr bilden. Davon werden in etwa 1,7 km^3/Jahr für Bewässerungszwecke genutzt, somit müssten immer noch 7,56 km^3/Jahr im Fluss enthalten sein. Russland prüfte die Entnahme über 5 Jahre hinweg und verzeichnete keine Abflussmenge über 5,0 km^3. Somit entnahm China mehr Wasser als im Entnahmeplan vereinbart. China bestritt jedoch diese erhöhte Entnahme. Seither ist das Vertrauen zwischen den Staaten unzureichend. Russland hätte die Option kriegerisch gegen die deutlich erhöhte Entnahme Chinas vorzugehen, schlimmstenfalls kriegerisch. Diesen Schritt wollte Russland bis dato (2013) vermeiden, da sie eine kriegerische Überlegenheit Chinas vermuten (GIESE et al. 2004). Aufgrund dieser erhöhten Wasserentnahme verzeichnet der Wasserspiegel des Obs zunehmend Niedrigwasser, wodurch nicht nur die Schifffahrt, sondern auch die Energiegewinnung mittels Wasserkraft deutlich beeinflusst wird.

Einen weiteren Konfliktpunkt stellen die immer wieder kehrenden Umleitungspläne russischer Flüsse in den Aralsee dar. Der aktuellste Plan (1963) sieht vor, dass 5-7% des Gesamtabflusses des Obs in den Aralsee umgeleitet werden. Dies entspreche einer Menge von 27 km^3. Gründe hierfür sind die zunehmende Wasserknappheit Zentralasiens vs. die Monopolstellung Russlands in Bezug auf Wasser. Daher besteht ein Interesse Russland das Überflutungswasser des Obs abzukaufen. Dies wäre ökologisch unbedenklich, da dem Fluss weder zu wenig noch zu viel Wasser entnommen würde, sofern es sich denn nur um das Überschwemmungswasser handle. Laut Plan solle ein 2550 km langer, 16 m breiter Kanal erbaut werden (Abbildung 25). Dieser verfüge über Staudämme und acht Pumpstationen, welche die Wassermengen regulieren würden. Die Kosten betrügen umgerechnet etwa sechs Milliarden Euro (GIESE et al. 2004).

Abbildung 25 Umleitungsplan
(aus Giese et al. 2004)

Die Aralsee Länder weigern sich jedoch diese Summe Geld aufzubringen. Des Weiteren wird der Bau eines Kanals nicht als optimal angesehen. Ein Rohrleitungssystem wäre hingegen deutlich effizienter, um einer Versumpfung und Versalzung im Kanalgebiet vorzubeugen. Ebenso wäre dieses System mit 1280 km nur noch halb so lang und deutlich billiger. Aufgrund der ungeklärten Frage, wer dieses Projekt nun bezahlen solle bzw. welches denn der geeignetste Bauplan sei, ist auch dieser Umleitungsplan verworfen worden (GIESE et al. 2004).

VII. Water Poverty Index

Im internationalen Ranking der Wasserarmutsliste liegt Russland auf dem 40.Platz und erreicht insgesamt 63.4 von möglichen 100 Punkten (LAWRENCE et al. 2002). Relativ hohe Punktzahlen erhält das Land für die Kapazität (16,1). Da in Russland nur 75% der Bevölkerung einen konstanten Zugang zu Trinkwasser haben, fällt der Zugangswert mit 12,6 recht gering aus. Auch der Umgang mit der Umwelt schneidet Russland nicht sonderlich gut ab (12,5). Zurückzuführen ist das auf die hohen Emissionen und Immissionen, die die Umwelt und die Gewässernetzte stark belasten.

Wertetabelle	
Indikator	Wert
Ressourcen	13
Zugang	12,6
Kapazität	16,1
Nutzung	9,1
Umwelt	12,5
WPI	63,5

Abbildung 26 Water Poverty Index - Diagramm und Wertetabelle (verändert nach Lawrence et al. 2002)

In Punkto Pro-Kopf-Wasserressourcen schneidet Russland mit 13 Punkten allerdings recht gut ab. Grund hierfür, sind die mächtigen Frischwasserströme des Landes und die recht geringe Bevölkerungsdichte, vor allem im ländlichen Raum. Aufgrund der hohen Ressourcen gehen die Russen, vor allem im Wirtschaftssektor, sehr verschwenderisch mit dem Wasser um. Leider hat Russland nicht genügend Geld und zu wenig Augenmerk auf die Wasserwiederaufbereitung gelegt, sodass eine sparsamere Wassernutzung nur schwer durchzusetzen sein wird. Ein großes Potential besteht vor allem in dem Management von Wasserressourcen, die bis dato noch viel zu gering genutzt werden. Russland hat mit dem Wassermanagementplan bereits Ansätze unternommen, um den Wasserverbrauch zu reduzieren und das Wasser nachhaltiger zu nutzen. Dennoch wird es eine ganze Zeit dauern, den hohen Pro-Kopf-Verbrauch von 212 L/Einwohner/Tag drastisch zu reduzieren. Neben dem Mangel an Kapital, stellt vor allem auch die Ausbreitung des Permafrostbodens eine Ursache für ein ineffizientes Wassermanagement und eine unzureichende Wasserversorgung dar. Einerseits besitzt das Land nicht genügend Kapital um eine funktionierende Versorgung der Bevölkerung mit Trinkwasser gewährleisten zu können. Andererseits lassen die klimatischen/ geologischen Gegebenheiten eine notwendige Infrastruktur, bestehend aus Wasserleitungen, Kläranlagen oder sanitären Einrichtungen nicht zu. Somit sind die Wasserleitungen in Russland entweder nicht vorhanden oder veraltet. Aus diesem Grund erreicht Russland in den Faktoren Kapazität und Zugang nur geringe Bewertungen. Trotz der großen Wasserressourcen erreicht Russland somit nur eine mittelmäßige Platzierung im internationalen Ranking.

VIII. Zusammenfassung

Die Russische Föderation verzeichnet eine Vielzahl von Gewässern. Vor allem der Waldgürtel der borealen Zone ist sehr Wasserreich. Dennoch verfügen 15% der russischen Bevölkerung über keinen konsequenten Wasserzugang bzw. Abwasserleitungen. Der Teil der Bevölkerung, der Zugang zum Wasser hat, muss mit den Problemen der Wasserverschmutzung kämpfen. Durch diese Verschmutzungen in den Oberflächengewässern wurden nicht nur eine Vielzahl von Gewässern zu biologisch tot erklärt – auch ist das Trinkwasser nur unzureichend genießbar und z. T. stark gesundheitsschädigend. Um die Problematik der Wasserwirtschaft zu beseitigen, wurde in internationaler Zusammenarbeit ein Wassermanagement-Plan entworfen. Dieser sieht nicht nur die Errichtung bzw. Sanierung der Trinkwasseraufbereitungsanlagen vor, sondern auch das enorme hydroenergetische Potential das Landes zu stärken.

In der Thematik Kriege um Wasser, gab es in Russland bis dato keinerlei kämpferische Auseinandersetzungen. Zwischen Russland und China besteht jedoch genügend Konfliktpotential, da China die Wasserentnahmevereinbarungen über das Wasser des Oberen Irtyschs nicht einhält..

Betrachtet man den prognostizierten Klimawandel und die Veränderungen auf Russland, sieht dieser äußerst positiv aus. Nicht nur, dass durch die Temperaturerhöhungen der Permafrostboden auftauen und somit mehr Landwirtschaftsfläche zur Verfügung stehen würde, vielmehr könnten die Grundwässer, befindlich in den Schichten des Permafrostbodens, gewonnen und zu Trinkwasser aufbereitet werden. Eine verbesserte Wasserinfrastruktur, vor allem im ruralen Raum, wäre ebenfalls denkbar. Russland würde in Sachen Klimaerwärmung deutlich als Gewinner hervortreten. Auch wäre es möglich, dass Russland das Trinkwasserpotential des Landes effizienter Nutzt und das aufbereitete, qualitativ hochwertige Trinkwasser exportiert, um dem fortschreitenden Trinkwassermangel entgegen zu wirken.

In Sachen Water Poverty Index befindet sich Russland mit 63,5 von möglichen 100 Punkten im Mittelfeld aller Länder.

IX. Literaturverzeichnis

AMELUNG, W., APEL, B., BEISECKER, R., BOGARDI, J., BRÜMMER,G.W., EISELE, J.-A., HENTSCHEL, A.,JÜRGING, P., KIEFER, J., PATT, H., PÄTZOLD, S., RIESER, A., SCHEFFER, B. (2006): Wasserwirtschaft und Landwirtschaft. Auf dem Wege zu einer guten Partnerschaft. Bonn.

AQUASTAT (2012): http://www.fao.org/nr/water/aquastat/countries_regions/RUS/print1.stm (abgerufen am 14.12.2012).

BENDER, H-U., FETTKÖTER, W., HIRT, H., KÜMMERLE, U., v.d. RUHREN, N. (2001): Fundamente - Geographisches Grundbuch. [Klett-Perthes.] Gotha, Stuttgart.

FAO-Produktion (1992): Yearbook, 45. Rom. S. 3-14.

GIESE, E., SEHRING, J. TROUCHINE, A. (2004): Aktuelle Probleme der Energiewirtschaft und Energiepolitik in Zentralasien. Nummer 26. Gießen. http://geb.uni-giessen.de/geb/volltexte/2006/2743/pdf/ZeuDiscPap28.pdf (abgerufen am 15.12.2012).

GUMPEL, W. (2006): Umweltprobleme im heutigen Russland. - in: KAS-AI. 9/06. S. 61-74.

KISLIAKOVA, N., PAVLISKA, O., MTIBELASHVILI, T. (2006): Umwelttechnikmärkte in Russland, der Ukraine und Georgien. Umweltpolitik, -strategien und -programme der Länder.

KÖNING, M., RITTER, K. (2002): Modellhaftes technologisches Konzept für die Verbesserung der Sicherheit bei der Chlorlagerung am Beispiel eines Moskauer Großwasserwerkes in Verbindung mit Maßnahmen zur Verbesserung des anlagenbezogenen Gewässerschutzes. Hannover.

LAWRENCE, P., Meigh, J. & Sullivan, C. (2003): The Water Poverty Index: an International Comparison. Keele Economics Research Papers 2002/19. Keele.

MÜLLER-HOHENSTEIN, K. (1981): Die Landschaftsgürtel der Erde. [Teubner] Stuttgart. S. 172-193.

MÜLLER-LUPP (2002): Gefrier und Tauprozesse. - in: Berichte zu Polar und Meeresforschung. 4/5.

NENTWIG, W., BACHER, S., BRANDL, R., (2008): Ökologie kompakt, 2. Auflage [Spektrum.]Heidelberg.

PINNEKER, E. V., ALEKSEEW, S. W. (2000): Grundwasserschutz in Permafrostgebieten. - in: Grundwasser. Zeitschrift der Fachsektion Hydrologie. 4/2000, S. 159-162.

POLZ, J. (2005): Hydrologische Verhältnisse am Baikalsee. Universität München.

RASCHKA, M. (2009): Sichere Trinkwasserversorgung für St. Petersburg. Deutsch/russische Kooperation im Dienste der Umwelt. - Orbit Logistics Europe GmbH. http://www.pressebox.de/pressemitteilung /orbit-logistics-europe-gmbh/ (abgerufen am 15.12.2012).

SCHULZ, J. (2008): Die Ökozonen der Erde, 4. Auflage [Eugen Ulmer.] Stuttgart.

SCHULZE, G. (2010): Russland investiert in Wasserversorgung und Kläranlagen. - in: Germany Trade Inverst. http://www.gtai.de/GTAI/Navigation/DE/Trade/maerkte,did=73084.html (abgerufen am 1.12.2012).

STADELBAUER, J. (1996): Die Nachfolgestaaten der Sowjetunion. [Wissenschaftliche Buchgesellschaft.] Darmstadt. S.458/459.

VOSSWINKEL, J. (2008): Einsackende Altbauten. - in: SENTLER, WIGGER (Hrsg.): Planet Erde. Heidelberg.

WEIN, N. (1999): Sibirien. Pethers Regionalprofile. Stuttgart. S. 38-65.

WEIßENBURGER, U. (1991): Der ökologische Notstand. Ein Ende der Planwirtschaft - in: Bundeszentrale für politische Bildung: Die Sowjetunion im Umbruch. Bonn. S. 113.

WILHELM, F. (1972): Hydrologie. Glaziologie. - in: FELS, E., WEIGHT, E., WILHELMY, H. (Hrsg.): Hydrologie. Glaziologie, 2. Auflage [Georg-Westermann.] Braunschweig.

www.bmu.de/fileadmin/bmu-import/files/pdfs/allgemein/application/pdf/protodt.pdf

www.wwf.de/2012/maerz/kampf-gegen-globale-wasserkrise/ (abgerufen am 1.12.2012).

www.ikzm-d.de/infos/fotos/13_baikalsee2.jpg (abgerufen am 1.12.2012).

www.d-maps.com/m/europa/russie/russie11.gif (abgerufen am 1.12.2012).

www.img.alibaba.com/photo/11516244/Natural_Drinking_Baikal_Water.jpg (abgerufen am 1.12.2012).

www.vodka-shop-wodka.eu/product_info.php?products_id=460 (abgerufen am 1.12.2012).

www.bpb.de/internationales/europa/russland/47990/ bevoelkerungsverteilung-und-demografie (abgerufen am 1.12.2012).